Bibliografische Information der Deutschen Nationalbibliothek:

Die Deutsche Bibliothek verzeichnet diese Publikation in der Deutschen Nationalbibliografie; detaillierte bibliografische Daten sind im Internet über http://dnb.d-nb.de/ abrufbar.

Impressum:

Druck und Bindung: Books on Demand GmbH, Norderstedt Germany
ISBN: 9783638678223

Dieses Buch bei GRIN:

http://www.grin.com/de/e-book/2218/nachhaltige-entwicklung-und-tourismus-ein-widerspruch

Daniel Gromotka

Nachhaltige Entwicklung und Tourismus. Ein Widerspruch?

Probleme, räumliche Muster und Lösungsmöglichkeiten anhand ausgewählter Beispiele

GRIN Verlag

Daniel Gromotka, cand.rer.pol.

6. Semester

Hausarbeit im Rahmen des Unterseminars „Wirtschafts- und Sozialgeographie"
Wintersemester 2001/2002

Thema:

Nachhaltige Entwicklung und Tourismus – ein Widerspruch ? Probleme, räumliche Muster und Lösungsmöglichkeiten anhand ausgewählter Beispiele

Inhaltsverzeichnis

Verzeichnis der Schaubilder und Tabellen

Schaubilder

Tabellen

I. Einleitung

Tourismus und Nachhaltige Entwicklung, zwei schillernde Begriffe. Ersterer bezeichnet ein Phänomen, das sich seit der Industrialisierung wachsender Beliebtheit erfreut und ein wesentlicher Bestandteil der aktuellen weltweiten Entwicklung der Globalisierung sowie der Entwicklung von der Industrie- hin zu einer Dienstleistungsgesellschaft darstellt.
Nachhaltige Entwicklung bezeichnet eine Konzeption im politischen, aber auch im alltäglichen Denken und Handeln, die aufgrund einer Einsicht entstanden ist, dass die Menschheit „nicht mehr so weitermachen kann, wie bisher", will sie ihre Existenzgrundlagen langfristig sichern.
Sätze wie „Der Tourist findet, was er sucht, indem er es zerstört" weisen uns daraufhin, dass das Anwenden des Prinzips der Nachhaltigkeit auch auf den Tourismus möglich, vielleicht gar zwingend nötig ist, will man sich weiterhin am Erleben und Genießen schöner Landschaften und fremder Kulturen erfreuen.
Diese Hausarbeit möchte der Frage nachgehen, ob ein nachhaltiger Tourismus möglich ist und wenn ja, wie man einen solchen erreichen kann.
Dabei werden zunächst Grundlagen zum Begriff, zur Geschichte und aktuellen Trends sowie zu den Motiven des Tourismus angesprochen. Des weiteren soll nach einer Darstellung des Konzepts der Nachhaltigkeit erörtert werden, wie der Tourismus auf eine Zielregion einwirkt, welche Probleme entstehen und wie man sie lösen oder mindern kann, falls der Tourismus seinen Beitrag zu einer Nachhaltigen Entwicklung leisten soll.

II. Tourismus – Grundlagen

1. Begriffsdefinitionen

Die Welt-Tourismus-Organisation (WTO) definiert Tourismus wie folgt: „Tourism is defined as the activities of persons travelling to and staying in places outside their ususal environment for not more than one consecutive year of leisure, business and other purposes not related to the exercise of an activity remunerated from within the place visited" (www.world-tourism.org am 12.10.01). Dies ist eine recht weit gefasste Begriffsabgrenzung. Andere, enger gefasste Definitionen von „Tourismus" setzen den Schwerpunkt insbesondere beim Erholungscharakter einer Reise.

Reisen besteht also im wesentlichen aus:

- Ortswechsel, der mit einem Transportmittel (Bus, Bahn, Flugzeug, PKW, Schiff etc.) durchgeführt wird
- Dem vorübergehenden Aufenthalt an einem fremden Ort. Darin enthalten ist die räumliche Dimension des Zielortes im Sinne von der Art der Unterkunft (Hotel, Ferienwohnung, Privatunterkunft bei Verwandten oder Freunden etc.) sowie die zeitliche Dimension der Aufenthaltsdauer am Zielort (Stunden, Tage, Wochen etc.)
- Die Motive des Ortswechsels, wie Reisen zwecks Erholung („Urlaub"), aus beruflichen bzw. gesellschaftlichen Gründen, zu Bildungszwecken etc.

Die Raumüberwindung sowie den Aufenthalt am fremden Ort bezeichnet man auch als „konstitutive Elemente des Fremdenverkehrs oder Reisens" (vgl. FREYER 1995, 2ff.)

Des weiteren ist zu beachten, dass es außerhalb der wissenschaftlichen Definition von "Tourismus" auch , insbesondere im Bereich der amtlichen Statistik, zu sehr unterschiedlichen Merkmalsabgrenzungen kommen kann.
Es ist eine Eigenart im deutschsprachigen Raum, dass neben dem Begriff „Tourismus", der v.a. seit dem 2.Weltkrieg gebräuchlich ist und sich an das englische „tourism" (bzw. das franz. „tourisme" oder das ital. „turismo") anlehnt noch der Begriff „Fremdenverkehr" - seit dem 19. Jh. verwendet - existiert. Werden sie in der Wissenschaft synonym verwendet, so kann es außerhalb davon zu unterschiedlichem inhaltlichem Verständnis dieser beiden Begriffe kommen. Zum einen wird „Tourismus" als ein alle Aspekte des Reisens abdeckender Begriff verstanden und „Fremdenverkehr" lediglich als Sonderfall für Reisen innerhalb des Binnenlandes. Zum anderen wird „Fremdenverkehr" als weiter Begriff für alle Arten des Reisens von In- und Ausländern ins Inland und „Tourismus" als enger Begriff im Sinne von Erholungsreisen (gelegentlich auch nur solche, die ins Ausland führen) verwendet (vgl. KULINAT/STEINECKE 1984, 19 und FREYER 1995, 397ff.).

Für eine ausführliche Übersicht über das Begriffsabgrenzungsproblem, auch bezüglich „Reiseverkehr" und „Touristik" siehe FREYER 1995, 398ff.

2. Historische Entwicklung des Tourismus

Menschen führen seit jeher Reisen durch, indem sie eine Distanz zwischen zwei Orten überwinden. In der zeitlichen Entwicklung des Reisens haben sich jedoch die Motive grundlegend geändert: in der Antike oder dem Mittelalter erfolgte eine Reise i.d.R. zweckgebunden: wirtschaftliche, politische oder religiöse Motive standen im Vordergrund (z.B.: Wallfahrten, Handelskarawanen, Kreuzzüge, Entdeckungs- und Erholungsfahrten etc.). Die Reise als solche wurde als notwendiges und unbequemes Mittel angesehen, um dem gewünschten Reisezweck dienen zu können (vgl. KULINAT/STEINECKE 1984, 40f.).
Erst im 17. und 18. Jh. Entwickelte sich insbesondere im englischen Adel mit der sogenannten „Grand Tour" eine erste nicht direkt zweckgebundene Form des Reisens, deren Motiv neben der Bildung auch im Vergnügen angelegt waren. Nach der engeren Tourismusdefinition kann man sie als „erste Touristen" bezeichnen. Generell bezog sich diese neue Form des Reisens zunächst auf eine dünne gesellschaftliche Oberschicht.
Im Laufe des 19. Jh. dehnte sich ,zum einen durch die neuen technischen Erfindungen, insbesondere der Eisenbahn als Massentransportmittel, aber auch durch das Gewähren von Urlaubstagen für die Arbeitnehmer, das zweckungebundene Reisen und somit der Tourismus auf weitere Bevölkerungsschichten aus. Im Jahre 1841 organisierte Thomas Cook die erste Pauschalreise: Bahnreise von Leicester nach Loughborough mit einer Distanz von 10 Meilen. Im Reisepreis von 1 Schilling waren Hin- und Rückfahrt, Tee, Rosinenbrötchen und Blasmusik enthalten (vgl. FREYER 1995, 6ff und BECKER/JOB/WITZEL 1996, 13).
Durch die technische, ökonomische und soziale Entwicklung erfuhr der Tourismus eine starke Aufwertung. Als Gründe wären zu nennen: seit der Industrialisierung gestiegene Volkseinkommen, auch unter Einbeziehung unterer Einkommensschichten, die zeitliche Ausweitung der Freizeit durch Arbeitszeitverkürzung und Urlaubstagen und nicht zuletzt das aufkommen des Pkws sowie des Düsenflugzeugs als Massentransportmittel. So dass man dann spätestens ab den 1960er Jahren vom „Massentourismus" spricht (vgl. z.B. FREYER 1995, 9f oder KULINAT/STEINECKE 1984, 51ff.). Schaubild 1 verdeutlicht

den globalen Wachstum des Tourismus im Vergleich der Jahre 1981, 1986 und 1994, dargestellt an den Merkmalen Bruttodeviseneinnahmen in US-Dollar und Anzahl der touristischen Ankünfte, geordnet nach großräumlichen Zielgebieten, in Personenanzahl.

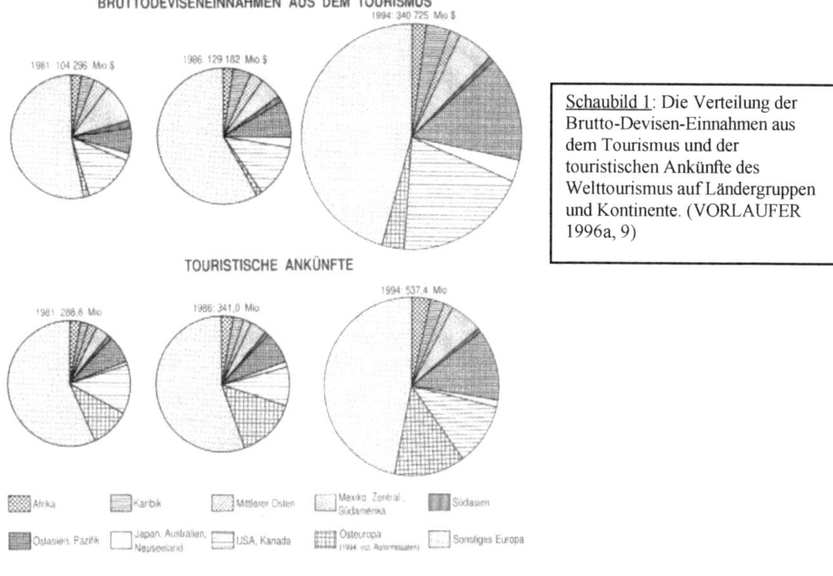

Schaubild 1: Die Verteilung der Brutto-Devisen-Einnahmen aus dem Tourismus und der touristischen Ankünfte des Welttourismus auf Ländergruppen und Kontinente. (VORLAUFER 1996a, 9)

Erwähnenswert ist, dass diese Entwicklungen zunächst in Europa und den USA stattgefunden haben. Sie gelten heute gemeinsam mit Japan als Haupt-Quellgebiete des internationalen Tourismus. Seit jeher sind Europa und die USA ebenfalls wichtige Zielgebiete des Tourismus, doch seit dem 2.Weltkrieg sind auch v.a. wegen der Benutzung von Düsenflugzeugen auch von den Quellgebieten entferntere Länder, insbesondere Entwicklungsländer, Zielgebiete des Massentourismus geworden (vgl. VORLAUFER 1999, 17ff.). Mit dem Massentourismus weitete sich der Flächenbedarf in Zielgebieten des Tourismus stark aus, v.a. was Verkehrsinfrastruktur (Flugplätze, Straßen, Parkraum etc.) und Freizeitinfrastruktur (Gastronomie, Campingplätze, Sportanlagen, Marinas etc.) betrifft. Die Bedeutung und Penetration des Tourismus für Wirtschaft, Umwelt und Gesellschaft verstärkt sich seit der Initiierung des Massentourismus zusehends (vgl. ELLENBERG/SCHOLZ/BEIER 1997, 47ff.)

3. Aktuelle Trends des Tourismus

Seit den 1980er Jahren ist generell ein Wandel im Reiseverhalten der Touristen zu erkennen. Trotz weiterer Dominanz des Massentourismus gewinnen neue Tourismusformen an Bedeutung. Ein genereller Trend führt zur Nachfrage nach kürzeren aber häufigeren Reisen. Auch hat eine Entwicklung von einem Entspannungs- zu einem Aktivitätsorientierten Reiseverhalten eingesetzt. Zunehmenden Wert legen Touristen auch auf eine intakte Umwelt, so ist das Reisemotiv „Natur erleben“ laut einer empirischen Datenerhebung der „Reiseanalyse“ von 39% in 1983 auf 56% in 1991 angestiegen (vgl. BECKER/JOB/WITZEL 1996, 17f.).

4. Formen des Tourismus

Als kausale Kriterien, d.h. hinsichtlich der Reisemotive kann man folgende Auftrittsformen des Tourismus beschreiben (gemäß der weiteren Begriffsabgrenzung)

- Urlaubs- oder Erholungsfremdenverkehr (z.B. Strand-, Trekking-, Kreuzfahrt-, Golftourismus)
- Heilbäder- oder Kurfremdenverkehr
- Besichtigungsfremdenverkehr (v.a. Kultur- und Bildungswesen)
- Durchgangsfremdenverkehr
- Geschäfts- oder Berufsfremdenverkehr (incl. Messe- oder Kongresstourismus)
- Naherholungsverkehr

Als „Binnentourismus" bezeichnet man touristische Aktivitäten von Inländern innerhalb des Inlandes, als „Internationaler Tourismus", wenn die touristischen Aktivitäten grenzüberschreitend sind.
Es ist zu bemerken, dass man Tourismusformen auch gemäß anderer Differenzierungen als der hier vorgestellten (nach Meinung des Verfassers maßgeblichereren Differenzierung) vornehmen kann

- temporal (Reisedauer)
- modal (Art der Unterkunft und Verkehrsmittel)
- saisonal (jahreszeitliche Verteilung der Nachfrage)
- organisatorisch

Andere Differenzierungssysteme grenzen Tourismusformen nach demographischen (Alter, Geschlecht, Einkommen, Beruf etc.) und verhaltensorientierten (Aktivitäten, Verkehrsmittel, Reisepreis etc.) Kriterien ab. Außerdem kann man Touristen in sozial-psychologische Kategorien einteilen, um deren Verhalten am Zielort der Reise beschreiben zu können (Bsp.: Abenteuerurlauber, Sporturlauber, Sonne-, Sand- und Sexorientierte Urlauber etc.) insbesondere, wenn es sich um den enger eingegrenzten Tourismusbegriff handelt (Erholung)
(vgl. FREYER 1995, 72ff.; KULINAT/STEINECKE 1984, 34ff; VORLAUFER 1999, 54ff.)

III. Das Prinzip der nachhaltigen Entwicklung

Seit Veröffentlichung des Berichts der Kommission für Umwelt und Entwicklung –oft auch als „Brundtland-Bericht" bezeichnet- ist Nachhaltige Entwicklung ein weltweites Leitbild für eine Entwicklung, die dauerhaft „eine umweltgerechte, an der Tragfähigkeit der ökologischen Systeme ausgerichtete Koordination der ökonomischen Prozesse ebenso ein[schließt] wie entsprechende soziale Ausgleichsprozesse zwischen den in ihrer Leistungskraft immer weiter divergierenden Volkswirtschaften" (BECKER/JOB/WITZEL 1996, 1). Eine derartige Entwicklung, die über die ökonomische Dimension hinaus auch die soziokulturelle und insbesondere die ökologische berücksichtigt scheint angesichts des Entwicklungsstandes der Menschheit angebracht: man nimmt an, dass 40% der jährlichen

Photosynthese-Nettoprimärproduktion aller landlebenden Pflanzen zur direkten oder indirekten Bedarfsdeckung menschlichen Wirtschaftens aufgebraucht werden, darüber hinaus wächst die Weltbevölkerung in starkem Maße ebenso wie ihre Konsumgewohnheiten. Die Definition der *World Commission on Environment and Development* (WCED): „Sustainable Development is development that meets the needs of the present without compromising the ability of future generations to meet their own needs“ verdeutlicht insbesondere den dynamischen, temporalen Aspekt. Zum einen geht es um Gerechtigkeitsaspekte innerhalb der zeitgenössischen Generation, zum anderen um solche zwischen der heute lebenden und den zukünftigen Generationen. Das Konzept der nachhaltigen Entwicklung ist ein normatives Konzept, denn es kann im Wesentlichen nur Handlungsempfehlungen geben. Es bewegt sich darüber hinaus in Bereichen der Unsicherheit: intragenerational deshalb, weil die globale Erfassung von „nicht nachhaltigen“ Zuständen der drei Dimensionen eine sehr hohe Komplexität aufweist und intergenerational, weil das Konzept der zeitgenössischen Generation Handlungsempfehlungen gibt, die auch in die Zukunft gerichtet sein sollen. Dabei können aber wegen des Zugrundelegens des heutigen Wissens zukünftige kulturelle, sozioökonomische, ökologische und v.a. auch technische Entwicklungen nicht bzw. nur vage antizipiert werden (vgl. HEIN 1997, 361ff.).
Die drei Dimensionen der Nachhaltigkeit sollen in direkter Beziehung zueinander stehen und zwar so, als dass bei der Formulierung (bzw. Implementierung) von Handlungsempfehlungen für eine nachhaltige Entwicklung immer diese drei Dimensionen zugleich und in ihrer Gesamtheit und unter Berücksichtigung ihrer Interdependenzen betrachtet werden. (vgl. BOHLE/GRENER 1997, 735)
Folgendes Schaubild gibt eine Übersicht über die einzelnen Kriterien als auch die Interdependenzen der drei Dimensionen der Nachhaltigkeit:

ökologische Dimension

- Nutzungsrate erneuerbarer Ressourcen muß unter deren Nachwuchsrate liegen.
- Verbrauch nicht erneuerbarer Ressourcen ist maximal so hoch wie simultane Erzeugung erneuerbarer Substitute und wird absolut minimiert.
- Reststoff- und Abfallmengen dürfen nicht über dem Assimilationsvermögen der Umwelt liegen.
- Einbringung in Endlagerstätten so gering wie möglich halten.
- Vielfalt, Schönheit und ästhetischen Wert der Natur-und Kulturlandschaft erhalten.

ökonomische Dimension

- Materielle und immaterielle Grundbedürfnisse befriedigen und sichern.
- Mindestlebensstandard gewährleisten.
- Menschlich geschaffenes Produktionssystem sichern und entwickeln.

soziale Dimension

- Partizipation der Bevölkerung an Entscheidungen gewährleisten.
- Emanzipation der Bevölkerung ermöglichen.
- Menschliches Gesellschaftssystem gewährleisten und entwickeln.

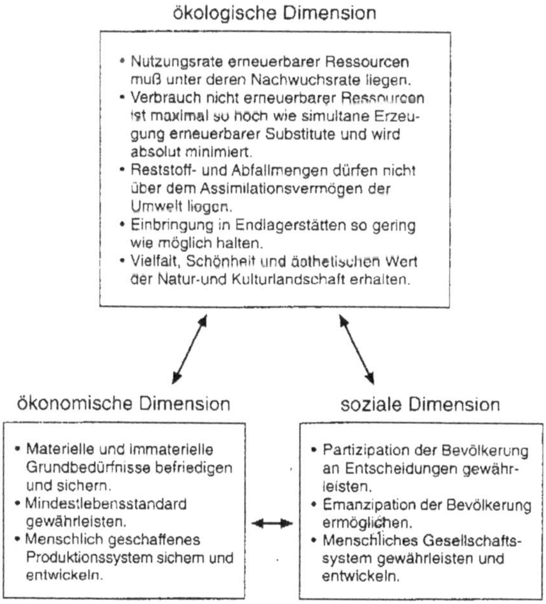

Schaubild 2: Kriterien für eine nachhaltige Entwicklung. (BECKER/JOB/WITZEL 1996, 5)

IV. Nachhaltigkeit und Tourismus

Auch auf den Tourismus kann das Konzept der Nachhaltigen Entwicklung übertragen werden. Relevanz erhält es insbesondere dann, wenn die „maximale touristische Nutzung eines Raumes ohne Negativeffekte auf die natürlichen Ressourcen, die Erholungsmöglichkeiten der Touristen sowie auf Gesellschaft, Wirtschaft und Kultur des Gastlandes [...] überschritten werden". Diese Tragfähigkeit ist abhängig von der Wirtschafts- und Sozialstruktur sowie dem Fragilitätsgrad der natürlichen Destinationen eines Tourismus-Gastlandes (VORLAUFER 1999, 274).

1. Akteure eines nachhaltigen Tourismus

Aufgrund der Multidimensionalität des Nachhaltigkeitskonzeptes ist es wichtig, die Akteure bzw. Interessengruppen („stakeholder") im Tourismus zu benennen, die Einfluss auf eine nachhaltige Tourismusentwicklung nehmen können.

Swarbrooke nennt die folgenden:

- *Host Community*
  Obwohl eine genaue Abgrenzung dieser Stakeholder-Gruppe schwierig ist, kann man sie im allgemeinen als alle Personen, die in einem touristischen Zielgebiet leben, zusammenfassen. Es ist eine sehr heterogene Gruppe, die sehr verschiedene, teilweise konfliktäre Merkmale aufweist. Sie kann fragmentiert werden z.B. in
  - Eigentümer touristischer Betriebe
  - Arbeitnehmer touristischer Betriebe
  - Nicht wirtschaftlich am Tourismus Beteiligte
  - Personen, die im wesentlichen ausschließlich negative Auswirkungen des Tourismus erleiden (Lärm, Abgase etc.)

  (vgl. SWARBROOKE 1999, 123)

- *Der Öffentliche Sektor (Staat)*
  Darunter werden alle Organisationen subsummiert, die das öffentliche Interesse repräsentieren, keine kommerziellen Ziele verfolgen und politisch durch Instrumente der Gesetzgebung und Regulierung, Steuereinnahmen und –ausgaben, Raumplanung und sonstige exekutive Maßnahmen den Tourismus beeinflussen können (vgl. SWARBROOKE 1999, 87f.)

- *Die Tourismusindustrie*
  Darunter fallen alle (privaten) Organisationen des touristischen Angebotes bzw. Unternehmungen mit Gewinnbestrebung, die diverse touristische Dienstleistungen anbieten. Swarbrooke unterscheidet nach geographischen Aspekten folgende Sektoren der Tourismusindustrie:

  - Erzeugende Zone (Generating Zone)

  → Unternehmen, die in den touristischen Quellgebieten agieren, wie Reisegesellschaften, Reisebüros, Reisemedienbranche, Reisemarketingagenturen etc.

- Übergangszone (Transition Zone)
→ Unternehmen der Transportindustrie, die die Touristen von den Quell- in die Zielgebiete transportieren wie Flug-, Bus-, Bahn- und Fluggesellschaften

- Zielzone (Destination Zone)
→ Unternehmen, die Dienstleistungen an den touristischen Zielorten anbieten, wie Hotellerie, Gastronomie, Touristenführer und –informationsbüros, lokale Verkehrsdienstleister etc.
(vgl. SWARBROOKE 1999, 104f.)

Bezüglich der Größe und Eigentümerstruktur von Tourismusunternehmen wird häufig zwischen transnationalen (TNC) und lokalen Unternehmen differenziert. Merkmal ersterer ist es, dass sie von einem Stammland aus global tätig sind und eine Akkumulation wirtschaftlicher und politischer Macht darstellen . Weitere Merkmale sind mangelndes Wissen über das Zielgebiet und die Gewinne der TNC fließen i.d.R. dem Stammland und nicht dem touristischen Zielgebiet zu. Insbesondere für Entwicklungsländer wird dies als Problem angesehen (vgl. VORLAUFER 1996a, 91). Demgegenüber zeichnet lokale, kleine Tourismusunternehmen aus, dass die Erträge den Zielgebieten zugute kommen, eine erhöhte Sensibilität bezüglich der sozialen und ökologischen Probleme der Zielorte haben und die Profitorientierung eher langfristiger Art ist. Generell wird häufig davon ausgegangen, dass die Arbeits- und Entgeltbedingungen bei TNC besser sind als bei lokalen, kleingewerblichen Tourismusunternehmen (vgl. SWARBROOKE 1999, 107f.)

- *Die Touristen*
Das sind die Nachfrager nach touristischen Dienstleistungen. Die Nachfrage wird beeinflusst durch individuelle, gesellschaftliche, ökologische, ökonomische, Anbieter- und staatliche Einflüsse. (FREYER 1995, 50). Im wesentlichen werden also durch die touristische Nachfrage alle im Sinne des Prinzips der Nachhaltigkeit auftretenden Probleme induziert. Das wird insbesondere augenscheinlich, wenn man die Entwicklungen der touristischen Nachfrage (hier in Deutschland 1991 im Vgl. zu 1994) in Tabelle 1 betrachtet:

	1991	**1994**
Reiseintensität	67%	78%
Regelmäßig Reisende	43%	51%
Anzahl zusätzlicher Urlaubsreisen	10,2 Mio.	18,2 Mio.
Reisen nach Außereuropa	8,7%	10,6%
Haupturlaubsreisen mit dem Flugzeug	21,9%	26,5%

Tabelle 1: Vergleich ausgesuchter Kriterien der touristischen Nachfrage der Jahre 1991 und 1994. (BECKER 1996, 132)

- *Pressure Groups*

Das sind Gruppen von Individuen, die bezüglich des Tourismus bzw. der Nachhaltigkeit spezielle, nicht profitorientierte Ziele verfolgen (z.B: Naturschutzorganisationen wie BUND, Greenpeace etc.) Ihre Einwirkungen können z.B. die Sensibilisierung von Nachfragern und Anbieter für bestimmte Sachverhalte sein oder die Beeinflussung bzw. Beratung von lokalen Behörden und anderer Institutionen des öffentlichen Sektors. (vgl. SWARBROOKE 1999, 115ff.)

- *Experten*
  Hierbei handelt es sich um Individuen oder Organisationen, die diverse Akteure des Tourismus (hier) insbesondere in Bezug auf eine Nachhaltige Entwicklung beraten können. Experten sind entweder Wissenschaftler oder kommerzielle Berater (vgl. SWARBROOKE 1999, 17)

- *Medien*
  Das sind alle Arten von Medien: Printmedien (v.a. Reiseliteratur), Fernsehen, Rundfunk, Internet usw. Generell können sie bei den Nachfragern Reisebedürfnisse v.a. nach bestimmten Zielgebieten wecken oder verhindern (wie Bürgerkriegs- oder Naturkatastrophenberichterstattung). Eine andere Rolle kann ebenfalls wie bei den Pressure Groups das Sensibilisieren von anderen Akteuren für eine Bewusstseinsbildung zur Notwendigkeit einer nachhaltigen Entwicklung im Tourismus sein (vgl. SWARBROOKE 1999, 135)

2. Raumwirksamkeit des Tourismus und Implikationen für eine nachhaltige Entwicklung

Wie bereits erwähnt, hat das Konzept der Nachhaltigkeit drei Dimensionen:
- *ökologische*
- *ökonomische*
- *soziokulturelle* (soziale)

Im Folgenden soll die Raumwirksamkeit des Tourismus auf diese Dimensionen in touristischen Zielgebieten dargestellt werden und es soll aufgezeigt werden, welche Möglichkeiten es in diesem Zusammenhang gibt, die zu einem nachhaltigen Tourismus führen können.
Aus Gründen der Übersichtlichkeit werden die Dimensionen zunächst einzeln analysiert und auch die Implikationen für eine nachhaltige Entwicklung werden dimensionenintern dargestellt. Nach der Einzelerörterung werden dann die Nachhaltigkeitsaspekte ,dem Konzept der Nachhaltigkeit folgend, integrierend diskutiert und zwei komplementäre Strategien bzw. Politikansätze vorgestellt.

2.1. Die ökonomische Dimension

Die Wirkung des Tourismus hat nach Velissariou bzw. Vorlaufer auf eine Volkswirtschaft folgende Determinanten

- Zahlungsbilanzeffekt (Leistungsbilanzeffekt)
- Produktions-, Wertschöpfungseffekt
- Beschäftigungseffekt
- Einkommens-, Multiplikatoreffekt
- Abbau räumlicher Disparitäten
- Saisonalität der Nachfrage und Herkunft der Touristen

(VELISSARIOU 1991, 6 und vgl. VORLAUFER 1996a, 30ff.)

2.1.1. Zahlungsbilanzeffekt (Leistungsbilanzeffekt)

Diese zeichnet die außenwirtschaftliche Bedeutung des Fremdenverkehrs auf und erfasst die Devisenzu- und abflüsse eines Landes, wobei der Konsum von ausländischen Touristen als Exporte und der der inländischen Touristen im Ausland als Importe gewertet werden können. (vgl. VELISSARIOU 1991, 6f.). Insbesondere in Entwicklungsländern bzw. „Mikrostaaten" spielt der Tourismus wegen der Deviseneinnahmen eine große Rolle und dient dem Schuldendienst sowie der Bezahlung von Importen. Der positive Devisenbilanzeffekt durch den Tourismus kann durch Importe abgemildert werden, die zur Erstellung des touristischen Angebotes getätigt werden müssen ,da vor Ort wenige den touristischen Bedarf deckenden Güter, oftmals für westliche Konsummuster, erstellt werden (sog. „Sickerrate"). Speziell in unterentwickelten Volkswirtschaften kann es darüber hinaus zu einer Erhöhung der Sickerrate kommen, indem die heimische Bevölkerung die Konsumgewohnheiten der Touristen übernimmt (durch den Demonstrationseffekt, s. Kapitel 2.2.1), was zu weiteren Warenimporten führen kann. Viele Entwicklungsländer bedienen sich dazu einer Importsubstituierenden Strategie, die mittels Importrestriktionen den Aufbau der Binnenwirtschaft ermöglichen und rentabel machen soll (vgl. VORLAUFER 1996a, 132ff.)
Grundlegende Determinante dieses Effekts sind also Ressourcenausstattung, Größe und Wirtschaftskraft der Staaten. Eisenstein schätzte beispielsweise in den 1980er Jahren für Mexiko oder die Türkei Sickerraten von lediglich 5% und für karibische Mikrostaaten von über 50% (EISENSTEIN 1993 zitiert von VORLAUFER 1996a, 138).

2.1.2. Produktions- und Wertschöpfungseffekt

Das sind die tourismusinduzierten Effekte, die einen Mehrwert im Sinne der Wertschöpfung erstellen. Das Produkt Tourismus besteht hauptsächlich aus Dienstleistungen und unterscheidet sich so von anderen Produkten im wesentlichen dadurch, dass der Nachfrager selbst die räumliche Distanz zwischen Produktion und Konsum überwinden muss. Generell entstehen Wertschöpfungseffekte nicht nur durch den Konsum von direkt mit dem Tourismus zusammenhängenden Gütern (Hotellerie, Gastronomie etc.), sondern es besteht eine starke sektorale Verflechtung mit unterschiedlichen Branchen, z.B. Landwirtschaft, Bauindustrie, Automobilindustrie, Bankgewerbe etc.. Sombart formuliert die Wirkungen des Fremdenverkehrs wie folgt: „Als Schlussfolgerung kann gelten, dass im allgemeinen der Fremdenverkehr so weit wohlstandsfördernd wirkt, als er irgendwelche produktiven Kräfte belebt, die ohne ihn schlummerten." (SOMBART 1926 zitiert In:VELISSARIOU 1991, 13).

2.1.3. Beschäftigungseffekt

Unbestritten scheint, dass der Tourismus ein arbeitsintensiver Wirtschaftssektor ist, der in den touristischen Zielgebieten eine große Zahl

von Arbeitsplätzen schafft (vgl. z.B. BECKER/JOB/WITZEL 1996, 37 oder VORLAUFER 1996b, 140). Generell kann die hohe Arbeitsintensität, verbunden mit einem hohen Bedarf nach wenig qualifizierten Arbeitskräften, sowie eine niedrige Kapitalintensität als Grundlage der wirtschaftlichen Entwicklung, insbesondere von Entwicklungsländern, dienen, wobei allerdings kritisch anzumerken ist, dass v.a. die Kapitalintensität stark vom Standort und der Struktur der Tourismusbranche abhängig ist (z.B. sind Großhotels kapitalintensiver als private Herbergen) (vgl. VELISSARIOU 1991,13f.)
Neben den direkt im Tourismus Beschäftigen (z.B. Hotels, Gastronomie, Reisebüros, Souvenirläden usw.) wird auch indirekt durch den Tourismus Beschäftigung geschaffen (Banken, Ärzte, Landwirtschaft etc.). Die Intensität ist stark mit den Produktionseffekten verknüpft, so dass es hier auf den Grad der Inland produzierten Güter ankommt. (vgl. VORLAUFER 1996a, 141f.).

2.1.4. Einkommens- und Multiplikatoreffekte

Der Tourismus erhöht das Einkommen aus Arbeit und Kapital in einem Zielland und wird durch dessen Weiterverwendung erhöht (Multiplikatoreffekt) (vgl. VELISSARIOU 1991, 19f.). Diese Effekte, insbesondere der Multiplikatoreffekt, ist stark von der Wirtschaftsstruktur einer Volkswirtschaft und vom Nachfrageverhalten der Touristen abhängig. Er ist um so höher, je geringer die Importquote für touristische Gebrauchsgüter ist und je geringer die Sparquote der im Tourismus Beschäftigten ausfällt. (vgl. VORLAUFER 1996a, 142). Stößt eine wachsende Nachfrage der Touristen nach Gütern und Dienstleistungen auf ein nicht ausreichend anpassungsfähiges Angebot (z.B. infolge von mangelnden Produktionsreserven einer sehr hohen Sparquote oder sektoraler Immobilität der Produktionsfaktoren), so kann eine damit einhergehende Angebotsverknappung zu Preissteigerungen führen, die für die Host Community zu realen Einkommensminderungen durch Inflation und in besonders ausgeprägten Fällen zu einem Absinken unter die Armutsgrenze führen kann, was sogar politische Unruhen begünstigen kann (vgl. VORLAUFER 1999, 285).

2.1.5. Saisonalität der Nachfrage und Herkunft der Touristen

Die Herkunft ausländischer Touristen in einem Gastland ist bestimmt durch die Zeit-, Kosten- und soziale Distanz der Touristen zum Zielgebiet. Je höher diese Distanzen sind, desto geringer (ceteris paribus) ist die Zahl der Touristen in einem betrachteten Zielgebiet, die aus einem bestimmten Quellgebiet kommen (vgl. VORLAUFER 1996a, 28).
Beispielsweise waren im Jahre 2000 die 13 häufigsten Herkunftsländer ausländischer Touristen in der BRD überwiegend an diese grenzende Staaten (wie Niederlande, Schweiz, Frankreich, Österreich, Belgien, Dänemark) oder anderen europäischen Staaten und bis auf Japan alles Länder, die dem „westlichen Kulturkreis" mit einer relativ homogenen Lebensart angehören (vgl. FISCHER WELTALMANACH 2002, 1250) und auch v.a. Länder von denen aus Deutschland mit möglichst geringen Kosten in relativ geringer Zeit

erreicht werden kann. Weitere Hinweise auf eine geringe soziale Distanz von Touristen und Zielgebiet wäre z.B. eine oft zu beobachtende Majorität französischer Touristen in frankophonen Ländern oder Überseedepartments/-territorien: so stellten französische Touristen 1993 auf Reunion 74,8% aller Besucher.
Diese Effekte können teilweise verstärkt werden, indem transnationale Hotelketten bzw. Reisekonzerne aus wichtigen touristischen Quellgebieten (USA, EU) die Touristenströme in die Gebiete ihrer Investitionstätigkeit, vornehmlich also Räume mit geringer Zeit-, Kosten- und sozialer Distanz lenken, da sie dort erhöhte Gewinne erwarten.

Saisonalität bedeutet hier, dass die touristische Nachfrage im Jahresverlauf zeitlichen Schwankungen unterlegen ist, die z.T. im Nachfrageverhalten der Touristen, v.a. hinsichtlich klimatischer Begebenheiten, begründet sind. So werden z.B. Zielgebiete mit Strandtourismus überwiegend in warmen, regenarmen Monaten besucht. Ein weiterer Bestimmungsfaktor ist die Ferienzeitregelung in den Herkunftsgebieten im Sinne der Erzeugung saisonaler Schwankungen der Touristenströme (vgl. VORLAUFER 1996a, 28ff.)

2.1.6. Abbau räumlicher Disparitäten

Durch Tourismus können räumliche Disparitäten zwischen Ballungsräumen und peripheren Gebieten abgebaut werden, so dass es insbesondere im Verhältnis von entwickelteren zu unterentwickelteren Regionen zu wirtschaftsräumlichen Ausgleichseffekten kommen kann (vgl. MOSE 1998, 9)
Der Tourismus weist generell eine Tendenz zur Peripherie auf, weil dort die Standortansprüche für die touristischen Nachfrager durch Merkmale wie „unberührte Landschaften", „einsame Strände" und oftmals eine geringe Bevölkerungsdichte besonders interessant sind. So können durch den Tourismus Ressourcen eine wirtschaftlichen Inwertsetzung erfahren, die von anderen Branchen nicht genutzt werden können, so z.B. nährstoffarme Sandböden an Stränden aber auch dauerhaft erwerbslose Personen. Ein Beispiel für eine solche Entwicklung ist die philippinische Insel Boracay. 1978 deklarierte sie die philippinische Regierung zur „tourist zone". Bis dahin lebten die ca. 3000 Einwohner überwiegend von einer subsistenzwirtschaftlichen Agrarwirtschaft und Fischerei. Die sandigen Böden sind nährstoffarm und nicht besonders ertragsreich. Die Bevölkerungsentwicklung war v.a. wegen Emigration negativ und nur wenige Bewohner standen als Polizisten, Lehrer oder Postmeister in einem Beschäftigungsverhältnis. Seit der touristischen Nutzung ist eine radikale Umwälzung der Wirtschaftsstruktur Boracays eingetreten. Durch eine vornehmlich kleingewerbliche Struktur der Beherbergungsbetriebe konnten besonders hohe Beschäftigungseffekte erzielt werden. Vorlaufer schätzt für 1994, dass 2500-3000 Insulaner direkt oder indirekt im Tourismussektor beschäftigt sind. Berücksichtig man die lokalen Familienstrukturen so schätzt er, dass insgesamt 11000-14000 Personen (auch auf den Nachbarinseln) vom Tourismus auf Boracay leben. Die Bevölkerungsentwicklung ist seitdem ebenfalls positiv und betrug Mitte der 1990er Jahre ca. 7500 Einwohner (vgl.

VORLAUFER 1996b, 152f.). Kritisch anzumerken ist jedoch, insbesondere bei Betrachtung von entwickelteren Volkswirtschaften, dass es auch zu einer „qualitativen Erosion“ des Arbeitsmarktes v.a. in solchen Regionen kommen kann, wo der Tourismus eine wichtige bzw. die vorherrschende Wirtschaftsbranche ist. Touristische Arbeitsplätze haben häufig die Merkmale, dass sie nur geringer Qualifikation bedürfen, eine hohe Arbeitsbelastung aufweisen und oftmals tages-/nachtzeitlich bzw. saisonal begrenzt sind. Das kann dazu führen, dass qualifizierte, nicht-touristische Arbeitskräfte aufgrund fehlender Beschäftigungsmöglichkeiten abwandern und somit die „langfristigen Entwicklungsmöglichkeiten einer Region –auch im touristischen Bereich- systematisch verbaut werden“ (MOSE 1998, 10). Wichtig für eine positive regionale Entwicklung in einem peripheren Raum ist auch, dass möglichst viele der für den Tourismus benötigten Produkte (Baustoffe, Konsumgüter etc.) aus der Region selber stammen, um Multiplikatorwirkungen optimal ausschöpfen zu können. Es ist eine bestimmte Ressourcenausstattung einer Region für die touristische Nutzung vonnöten soll eine wirtschaftliche Aufwertung einer unterentwickelten Peripherregion erreicht werden. Das bezieht sich insbesondere auf eine vorhandene Infra- und Siedlungsstruktur, was auch aus Zeit- und Kostengründen sinnvoll erscheint, ist doch so der Aufwand zur Förderung des Tourismus in einer Region geringer (vgl. VORLAUFER 1995, 356ff.). Generell kommt beim räumlichen Disparitätenabbau dem Staat eine Schlüsselrolle zu. Abhängig von seinen ordnungs- und realpolitischen Zielen und Vorstellungen sowie seiner Finanz- und Gestaltungskraft kann er sich zum Abbau von räumlichen bzw. regionalen Disparitäten durch Tourismus diverser Instrumente, wie z.B. Erstellung von nationalen und regionalen Entwicklungsplänen für den Tourismus, Raumordnung, Infrastrukturinvestitionen insbesondere zur Erschließung peripherer Regionen, steuerlicher Anreize für private Tourismusprojekte etc., bedienen (vgl. VORLAUFER 1996a, 175)

2.1.7. Implikationen für eine ökonomische Nachhaltigkeit

Eine wirtschaftliche Entwicklung erscheint hinsichtlich der genannten Effekte des Tourismus auf eine Zielregion v.a. dann nachhaltig zu sein, wenn möglichst viele Waren, die für den Tourismus (i.w.S.) benötigt werden vor Ort produziert werden. Das erscheint sinnvoll, da die Leistungsbilanz aufgrund niedriger Sickerraten positiver ausfällt und somit mehr Devisen für den Schuldendienst bzw. Investitionen zur Verfügung stehen. Gleichzeitig erhöhen sich durch die vermehrte Produktion am Zielort die Wertschöpfungseffekte und mehr Produktion bedeutet mehr Nachfrage nach zusätzlichen Arbeitskräften. So kann der Tourismus über die direkt mit dem Tourismus verbundenen Arbeitskräfte hinaus auch indirekte Arbeitsplätze schaffen. In besonderem Maße erscheint auch die Struktur des touristischen Angebots als Determinante einer nachhaltigen ökonomischen Entwicklung in Zielgebieten: Ist die Struktur der Tourismusbetriebe eher von lokalen Kleinbetrieben bestimmt, so ist i.d.R. der Beschäftigungseffekt am Zielort höher, weil die Arbeitsnachfrage lokal gedeckt wird. Im Gegensatz zu Hotels, die großen internationalen Hotelketten angehören, die v.a. in Standorten in wirtschaftlich schwach entwickelten Volkswirtschaften ihren

Bedarf an höher qualifizierten Arbeitskräften im Ausland decken. Durch eine kleingewerbliche Struktur der Beherbergungsbetriebe können darüber hinaus auch zahlenmäßig mehrere Standorte als touristische Zielgebiete verhältnismäßig schnell erschlossen werden und somit die Beschäftigungseffekte erhöhen, die für größere Hotels ökonomisch als nicht verwertbar erscheinen. Auch kann sich die Qualität des Arbeitskräfteangebots erhöhen, da lokale Tourismusunternehmer bzw. – arbeitnehmer aufgrund von Lerneffekten ein Potenzial zur Verbesserung des touristischen Angebotes erbringen können, womit eine erweiterte Nachfrage bedient werden kann. In Entwicklungsländern erscheint letztgenannter Prozess als einer nachhaltigen Entwicklung förderlich, ist doch der Ausbildungsgrad der Arbeitskräfte im allgemeinen sehr niedrig (vgl. VORLAUFER 1996a, 102ff.). Darüber hinaus bieten einige dieser Länder an ihren Universitäten mittlerweile Tourismusstudiengänge an, um auch den Bedarf an höherqualifizierten Arbeitskräften aus eigener Kraft decken zu können, womit dem oben genannten Aspekt, dass Hotelketten ihren Bedarf an höherqualifizierten Mitarbeitern im Ausland decken, entgegengewirkt werden soll. (vgl. VORLAUFER 1996a, 146). Eine kleingewerbliche Struktur des touristischen Angebots kann außerdem den „modernen Trends" der Nachfrage wie Abenteuerurlaub, Kulturinteresse, Individualurlaub, Naturnähe etc. gerecht werden, was Beschäftigung sichern und erweitern kann, denn das Angebot einer eher kleingewerblichen Struktur kommt durch seine Vorteile wie Überschaubarkeit, Angepasstheit an die Landes-/Lokalkultur, evtl. ökologisch angepasstes Verhalten den neuen Anforderungen der touristischen Nachfrage entgegen (vgl. ARONSSON/SANDELL 1999, 363). Einkommens- und Multiplikatoreffekte dürften die Nachhaltigkeit der oben genannten Wirkungen verstärken. Eine nachhaltige Entwicklung bezüglich der zeitlichen Komponente und der evtl. auf Herkunfts- und Präferenzeneinseitigkeit beruhenden Unsicherheit der touristischen Nachfrage impliziert, dass eine Zielregion die Nachfrageschwankungen im Jahresverlauf mildern sollte, was im Sinne einer ausgeglichenen Verteilung Auswirkungen auf alle zuvor genannten ökonomischen Effekte hat. Hierbei ist insbesondere eine Planung im Touristenzielgebiet durch die dort ansässigen Akteure (Staat, Host Community, Tourismusindustrie) angesprochen. Folgende Strategien erscheinen hierzu nutzbar: Diversifizierung des touristischen Angebots und Förderung des Binnentourismus.

2.1.7.1. Diversifizierung des touristischen Angebots

Das bedeutet, dass die touristischen Zielgebiete ihr Angebot bezüglich unterschiedlicher Nachfragergruppen diversifizieren (z.B. Bade-, Wander-, Städte-, Kongress-, Kulturtourismus), um Touristen aus regional diversifizierten Herkunftsgebieten ansprechen zu können, da Touristen aus unterschiedlichen Ländern auch unterschiedliche Präferenzen und Ferienzeiten haben, was zur Abmilderung der Saisonalität beiträgt (vgl. VORLAUFER 1996b, 155). So ist Kultur- und Kongresstourismus beispielsweise weniger klimaabhängig als Badetourismus und auch außerhalb von sommerlichen Monaten möglich. (vgl. VORLAUFER 1999, 279)

Des weiteren besteht somit auch ein geringeres Risiko von stärkeren Besucherrückgängen, falls es in einzelnen Quellgebieten zu politischen oder ökonomischen Krisen kommen sollte. Die Strategie der Diversifizierung der Märkte hat beispielsweise in den „Masterplan" zur nachhaltigen touristischen Entwicklung der Philippinen Einzug gehalten (vgl. VORLAUFER 1996b, 139, 155)

2.1.7.2. Binnentourismus

Der Binnentourismus ist ebenfalls eine Form der Nachfrage, die saisonale Schwankungen ausgleichen kann und die auch für den in Kapitel 2.1.6. erläuterten Aspekt der Minderung räumlicher Disparitäten relevant sein kann (vgl. VORLAUFER 1995, 374f.) Insbesondere in weniger entwickelten Volkswirtschaften erscheint eine Förderung des Binnentourismus als Instrument zum Saisonalitätsabbau sinnvoll und ist auch eine Strategie des bereits erwähnten „Masterplans" der Philippinen, in dem Sinne, als dass ein ausgewogenes Verhältnis von Binnen- und Ausländertourismus erreicht werden soll. (vgl. VORLAUFER 1996b, 139). Zu ökonomisch weiter entwickelten Industrieländern ist zu erwähnen, dass diese oftmals bereits hauptsächlich vom Binnentourismus geprägt sind, von daher ist Binnentourismusförderung für Industrieländer eher nicht relevant (vgl. VORLAUFER 1996a, 52). Hinsichtlich einer nachhaltigen Entwicklung in diesen Staaten kann es evtl. sogar empfehlenswert sein zur Minderung von Defiziten in der Leistungsbilanz den Anteil ausländischer Touristen an der Gesamttouristenzahl zu erhöhen, um vermehrt Devisen bzw. Geldströme ins Land fließen zu lassen.
Motive für Binnentourismus in Entwicklungsländern sind traditionell z.B. Verwandtenbesuche, Pilgerfahrten oder der Besuch von Naturattraktionen als endogene Elemente, sowie „moderne" aus Industrieländern übernommene Motive des Reiseverhaltens wie z.B. Bade- oder Wassersporttourismus als exogene Elemente (vgl. VORLAUFER 1995, 374).
Einer ökonomisch nachhaltigen Entwicklung in zunehmendem Maße zuträglich ist Binnentourismus also v.a. dann, wenn er zum ausländischen Tourismus in möglichst großer zeitlicher Komplementarität steht. Beispielsweise sind auf den Philippinen Zielgebiete der Inländer wie das Cageyan Valley oder die Bicol-Region auf Mindanao solche, die von ausländischen Touristen kaum besucht werden (räumliche Dispersion des Tourismus) (vgl. VORLAUFER 1996b, 158). Als Beispiel für eine teilweise komplementäre Nachfragestruktur in zeitlicher Hinsicht soll Phuket, ein thailändisches Seebad, dienen. Dort kompensiert während der Monsunzeit die relativ starke inländische Nachfrage die schwache ausländische Nachfrage, so dass sich zumindest zeitweise die aus- und inländische Nachfrage positiv ergänzen. Schaubild 3 gibt diesen Sachverhalt wieder.

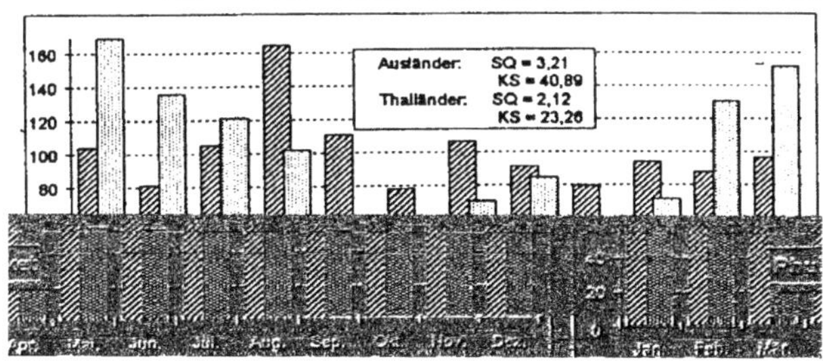

Schaubild 3: Die Saisonalität der Fremdenmeldungen in- (gepunktete Balken) und ausländischer (schraffierte Balken) Touristen (Ankünfte) in Phuket im Jahr 1993. (VORLAUFER 1995, 375)

Durch den erwähnten Beitrag des Tourismus zum räumlichen Disparitätenabbau , ergänzt bzw. gelenkt von einer staatlichen Entwicklungspolitik, kann Tourismus nachhaltig zu einer wirtschaftlich ausgeglichenen Entwicklung innerhalb einer Volkswirtschaft beitragen und somit in gewissem Maße sozioökonomische Ungleichheiten abbauen helfen.

2.2. Die Sozio-Kulturelle Dimension

Der Tourismus hat Auswirkungen auf Gesellschaft und Kultur der Zielgebiete, aber auch soziokulturelle Einflüsse auf die Touristen selber (vgl. BECKER/JOB/WITZEL 1996, 39f.). Touristen können „das emotionale, religiöse, kulturelle [...] Gleichgewicht der bereisten Gebiete und Menschen stören." (WOLF/JURCZEK 1986, 124). Dabei hängen Umfang und Art dieser Beeinträchtigungen allerdings von Faktoren wie Fremdenverkehrsintensität, Alter, Herkunft, Aktivitäten der Touristen und „kulturelle Entferntheit" der Touristen von den Bewohnern der Zielgebiete ab. (vgl. VORLAUFER 1996b, 201). Die Belastungen sind saisonal unterschiedlich und im Falle des Massentourismus besonders groß, wenn in den Zielgebieten die Zahl der Touristen die der Einheimischen um bis zu ein Mehrfaches übersteigt (vgl. BECKER/JOB/WITZEL 1996, 40). Bezüglich der Beziehungen zwischen Touristen und der Host Community unterscheidet Swarbooke in „Demonstrationseffekte" und „Relative Deprivation" (SWARBROOKE 1999, 73).

2.2.1 Demonstrationseffekte

Diese beinhalten das Übernehmen von Konsumgewohnheiten bzw. Lebensstilen von Touristen durch Mitglieder der Host Community, was auch als „Akkulturation" bezeichnet wird (BECKER/JOB/WITZEL, 1996, 40).
Sie können von der Host Community wahrgenommen oder nicht wahrgenommen, positiv oder negativ oder als irrelevant erachtet werden und unterliegen zeitlichen Veränderungen (vgl. VORLAUFER 1996a, 201).
Ein Aspekt der Akkulturation kann in der Verfremdung regionaler und lokaler Kultur gesehen werden. So kann es z.B. durch Kommerzialisierung von Folkloreveranstaltungen zu einer Abkehr von der eigentlichen Bedeutung von kulturellen Besonderheiten kommen, was auch zur Auflösung von örtlichen Gemeinschaften führen kann. Als Beispiel führen Becker, Job und Witzel die Tiroler Volksmusik an, welche aus ihrem ursprünglichen

Zusammenhang gelöst und zu Vermarktungszwecken „auf einige Klischees" reduziert wurde (vgl. BECKER/JOB/WITZEL 1996, 41). Andererseits wird auch argumentiert, dass es durch die touristische Nachfrage nach örtlichen Kulturgütern auch zu einer Rückbesinnung auf das kulturelle Erbe der gastgebenden Bevölkerung kommen kann. Mose illustriert am Beispiel von zwei Dörfern im englischen Peck National Park dieses Phänomen, wo die ländliche Bevölkerung Fremdenverkehrsprojekte auch unter dem Aspekt der Ortsbildverschönerung und Traditionspflege realisiert (vgl. MOSE 1998, 9). Dabei besteht allerdings die Gefahr, dass es somit auch zu einer Fixierung überkommener Sitten und Werte kommen kann, was eine soziale Weiterentwicklung behindern könnte. (vgl. VORLAUFER 1996a, 203).
Wie stark eine Akkulturation durch Demonstrationseffekte sein kann, hängt vom Entwicklungsstand der Gesellschaft in touristischen Zielgebieten ab. Vorlaufer konstatiert: „Generell erscheinen die auf einer Hochkultur basierenden Gesellschaften durch den Einfluss des Tourismus weniger stark gefärdet als „primitivere", auf dem Animismus basierende und auch hinsichtlich ihrer materiellen Kultur fragileren sog. Stammesgesellschaften." (VORLAUFER 1996a, 204). So soll die Sozialstruktur der Sherpa in Nepal durch den in ihrer Region verbreiteten Trekking-Tourismus recht stark durch den Tourismus verändert worden sein, in dem z.B. eine starke soziale Differenzierung und Schichtung dieses Volkes eingesetzt hat, die vor der Kontaktaufnahme mit Touristen nicht existierte (vgl. VORLAUFER 1996a, 66).

2.2.2. Relative Deprivation

Dieses bezeichnet den von der Host Community wahrgenommenen Unterschied, insbesondere in sozioökonomischen aber auch kulturellen Merkmalen im Vergleich zu den Touristen, der zu Gefühlen des Mangels (Deprivation) und somit auch zu Ursachen von Konflikten werden kann. (vgl. SWARBROOKE 1999, 74). Konflikte können sich z.B. in Form von Gewalt aber auch Missgunst gegenüber den Touristen, wie auch andere Akteure der Host Community, richten. Letztendlich hängen die Gründe für Konflikte auch wieder von den Eigenschaften der gastgebenden Gesellschaft sowie den Eigenschaften und dem Verhalten der Touristen ab, so dass eine jeweilige kulturelle bzw. touristische Tragfähigkeitskapazität über das Auftreten von Konflikten entscheidet (vgl. ROBINSON 1999, 6ff.). Als Beispiel sei hier zum einen Spanien genannt, wo es trotz großer Touristenströme kaum zu nennenswerten Konflikten gekommen ist (vgl. BARKE 1999, 247ff.). Zum anderen sei aber auch beispielhaft Ägypten erwähnt, wo es in der jüngeren Vergangenheit wiederholt Übergriffe gegen Touristen gegeben hat. Ein Erläuterungsansatz scheint dem Verfasser in diesem Fall die soziokulturelle wie auch die sozioökonomische Distanz zu sein: Diese ist von den zumeist westlichen (europäischen) Touristen im Falle Spaniens weitaus geringer als zu der Host Community Ägyptens. Jene ist kulturell vom Islam geprägt und befindet sich sozioökonomisch eher in einem Stadium des Entwicklungs-/Schwellenlandes. Die Ägypter unterscheiden sich in Bezug auf maßgebliche Kriterien der soziokulturellen und –ökonomischen Merkmale von den überwiegend wohlhabenderen, christlich/abendländisch geprägten Touristen. Die touristische Tragfähigkeit

scheint also im Falle Ägyptens im Vergleich zu Spanien weitaus geringer zu sein und zwar hinsichtlich der Beziehung bzw. der Unterschiede der soziokulturellen und –ökonomischen Merkmale zwischen der jeweiligen Host-Community und der dominierenden Touristengruppe.
Es sei ebenfalls angemerkt, dass es auch zu gewissen Formen der Akkulturation von Touristen durch Mitglieder der Host Community kommen kann und das auch zwischen Touristen soziokulturelle Konflikte entstehen können, da oft die kulturelle Zusammensetzung der Touristen heterogen ist (man denke z.B. an den „Krieg" um Liegenplätze an den Swimming Pools mallorquinischer Hotels zwischen deutschen und britischen Urlaubern; vgl. ROBINSON 1999, 18). In einigen Quellen wird ein möglicher Beitrag des Tourismus zur Schaffung/Erhaltung des Weltfriedens erwähnt. Es ist beispielsweise ein Ziel im Zielbündel der Tätigkeiten der WTO. Begründet wird diese positive Interdependenz zwischen internationalem Tourismus und Weltfrieden damit, dass der Tourismus das weltweite Netzwerk von Personen verstärke und interkulturelle Kontakte ermögliche, was über eine optimistische Reflexion auf Seiten der gastgebenden und Gast-Kultur zu einem Status gegenseitigen Verständnisses führen könne. Kritiker dieser Ansicht halten sie für übertrieben und illusorisch und im Hinblick auf das erwähnte Konfliktpotenzial für überbewertet. (vgl. ROBINSON 1999, 2f.).

2.2.3. Implikationen für einen soziokulturelle Nachhaltigkeit

Bezogen auf die Möglichkeiten eines nachhaltigen Tourismus hinsichtlich der soziokulturellen Dimension ist es notwendig alle Akteure in die Betrachtungen mit einzubeziehen (vgl. SWARBROOKE 1999, 69f.). Oft ist in diesem Zusammenhang auch von „Sanftem Tourismus" die Rede, welcher von Touristen ein sozialverträgliches und auf die Kultur der Gastregion rücksichtnehmendes Verhalten fordert. Als konkrete Ausgestaltungsmöglichkeiten werden z.B. ein landesüblicher Lebensstil, eine vorhergehende Informationseinholung über das Urlaubsgebiet, Lernfreude und ein eher zurückhaltendes Auftreten genannt (vgl. MOSE 1998, 22). Bezüglich der Akkulturation könnte man Nachhaltigkeit im Sinne einer Vermeidung von Überformung der gastgebenden Gesellschaft und Kultur bezeichnen, jedoch unter Vermeidung des Phänomens einer Verhinderung eines (notwendigen) sozialen Wandels in der Gastregion. Tritt dieses Phänomen ein, so kann es auch Auswirkungen auf die wirtschaftliche Entwicklung der Gastregion haben, in dem Sinne, als dass ein zu soziokultureller Konservation beitragender Tourismus eine Entwicklung als Modernisierungsprozess zum Erreichen von „höheren Entwicklungsstufen" verhindern könnte, so dass ein „Teufelskreis" der Armut (v.a. in Entwicklungsländern) nicht durchbrochen werden kann. Dieser Prozess wird auch als Konkulturation bezeichnet (vgl. FREYER 1995, 366f.).
Postuliert wird auch des öfteren, dass insbesondere die Bevölkerung von Zielgebieten an politischen, tourismusrelevanten Entscheidungen partizipieren soll, v.a. deswegen, damit diese selber die soziokulturelle Tragfähigkeit des Tourismus bestimmen kann, was auch zur allgemeinen Akzeptanz des Tourismus beiträgt und Host-Community – Touristen – Konflikte vermeiden kann (vgl. VORLAUFER 1999, 275). Ladbury hebt die Relevanz der Partizipation bei tourismuspolitischen Entscheidungen

besonders hervor, die insbesondere ein Zusammenwirken von Politik und Host-Community erfordert. Dies entspricht nicht nur der Forderung der sozialen Nachhaltigkeitsentwicklung, sondern ist auch bei der Entscheidungsfindung behilflich und kann den Prozess der politischen Durchsetzung fördern (vgl. LADBURY 1997, 41). Mögliche Hindernisse der Rolle de öffentlichen Sektors bei der Planung und Umsetzung einer nachhaltigen Tourismuspolitik können mangelnde Erkenntnis der Wichtigkeit einer nachhaltigen Entwicklung bzw. fehlender Wille zur Entwicklung einer solchen Politik sein, zum anderen spielen aber auch Wahlzyklen und damit einhergehend die dadurch hervorgerufene Kurzfristigkeit des Planungshorizontes eine Rolle, da eine Politik der Nachhaltigkeit von langfristiger Natur ist. Ferner können u.a. mangelnde Finanzen, fehlende Personalressourcen sowie der generelle Trend zur Privatisierung Hürden für eine nachhaltige Tourismuspolitik darstellen. (vgl. SWARBROOKE 1999, 97) .

Wichtig für eine soziokulturelle Nachhaltigkeit scheint auch eine breite räumliche und zeitliche Streuung der Besucherströme zu sein, um „Spitzenbelastungen" möglichst zu vermeiden und den sozialen Zusammenhalt und die kulturelle Identität der Host Community nicht zu gefährden und somit ein Nicht-Überschreiten der touristischen Tragfähigkeitsgrenze zu fördern (vgl. VORLAUFER 1996b, 138f.).

Ist der Tourismus einerseits fähig, räumliche (ökonomische) Disparitäten abzubauen und kann somit durch Milderung von Landflucht soziale Konflikte in Metropolen abschwächen helfen, so ist dies andererseits auch wieder ein Hinweis darauf, dass eine räumliche Streuung des Tourismusangebotes nachhaltiger sein könnte, als wenn sich der Tourismus auf einige wenige Bad- oder Erholungsorte verteilt, die dann wiederum viele Arbeitsplätze anziehen können und zu sozialen Konflikten durch hohe Bevölkerungskonzentration führen können. Diese Konflikte können darüber hinaus auch zu weiteren Problemen, insbesondere der Verhinderung einer kulturellen Nachhaltigkeit führen, da Personen, die aus evtl. weiter entfernten Regionen in (touristische) Konzentrationsräume einwandern aus ihrer gewohnten sozialen und (evtl.) kulturellen Umwelt herausgerissen werden (vgl. VORLAUFER 1999, 284, 291f.).

2.3. Die Ökologische Dimension

Der Tourismus wirkt sich auch auf die natürliche Umwelt aus und zwar häufig im Sinne einer negativen also umweltbeeinflussenden bzw. –zerstörenden Einwirkung. Schallaböck benennt zwei ungünstige Einwirkungen des Tourismus auf die ökologische Umwelt:

- Transport zwischen der touristischen Herkunfts- und Zielregion
- Ökologische Auswirkungen des Tourismus in der Zielregion

(vgl. SCHALLABÖCK 1997 339ff.)

2.3.1. Transport

Insbesondere der Begriff „Fremdenverkehr“ verdeutlicht, dass Verkehr zur Raumüberwindung zwischen touristischen Herkunfts- und Zielgebieten eine große Bedeutung hat. Jede touristische Aktivität ist also mit Transport verbunden.
Als umweltschädigende Transportmittel dienen im Tourismus hauptsächlich PKW, Flugzeuge, Busse und Bahnen (aufgrund ihrer geringen Benutzungshäufigkeit bzw. mangelnden Umweltrelevanz bleiben Schiffe unberücksichtigt).
Verkehrsmittel verbrauchen Energie und geben Emissionen in Form von Lärm und Abgasen in Bodennähe (PKW, Bahn, Bus) oder in der Atmosphäre (Flugzeug) ab (vgl. BECKER/JOB/WITZEL 1996, 20f.). Des weiteren bedeutet ihre Nutzung Flächenbedarf und somit Bodenversiegelung und Zurückdrängung der natürlichen Umwelt (vgl. ELLENBERG/SCHOLZ/BEIER 1997, 48f.). Emittiert werden v.a. das den Treibhauseffekt verstärkende Kohlendioxid sowie Stickoxide (NOx), die besonders in Bodennähe zu einem Anwachsen der Ozon-Konzentration führen und gesundheitsschädigend für Menschen, Tiere und Pflanzen sind. In höheren atmosphärischen Schichten (Troposphäre/Stratosphäre) können die von Flugzeugen emittierten Stickoxide zur Bildung von saurem Regen und der Zerstörung der Ozonschicht beitragen (vgl. KNECHT/VOGELSANG 1997, 296ff.). Zwar ist der Tourismus bei weitem nicht das einzige Motiv zur Benutzung von Verkehrsmitteln, jedoch wurde z.B. Mitte der 1990er Jahre geschätzt, dass in der BRD der PKW bei 55% aller Fahrten für Freizeitzwecke (weiter Tourismusbegriff) genutzt wurde. Des weiteren verzeichneten Flugreisen hohe Wachstumsraten. Die folgende Tabelle zeigt die Entwicklung der Verkehrsmittelwahl bei Haupturlaubsreisen der Bundesbürger (alte Bundesländer) von 1954-1994

	1954	1974	1994
Auto	19%	58%	49%
Flugzeug	-	12%	34%
Bus	17%	7%	9%
Bahn	56%	20%	7 %
Sonstige	8%	3%	2%

Tabelle2: Verkehrsmittelwahl bei Haupturlaubsreisen (ABL) 1995-1994. (BECKER/JOB/WITZEL 1996, 21)

Wichtige Variablen bei der Bewertung der umweltschädigenden Bedeutung der einzelnen Verkehrsmittel sind Reisedauer und –häufigkeit, Distanz und Auslastung des Verkehrsmittels sowie der Primärenergieverbrauch (vgl. BECKER/JOB/WITZEL 1996, 20f.). Ellenberg nennt in Anlehnung an Betz folgende Verbräuche, gemessen in Megajoule (MJ) pro Person bei einer 2.500km (Land-) bzw. einer 1.950 km langen (Flug-) Reise:

Bahn	850 MJ
Bus	875 MJ
PKW mit vier Personen	1800 MJ
Flug	3600 MJ
PKW mit zwei Personen	3600 MJ
PKW mit einer Person	7200 MJ

Tabelle 3: Energieverbräuche pro Person bei einem Transport auf einer 2.500 km langen Land- bzw. 1.950 km langen Flugreise, gemessen in Megajoule. (ELLENBEG/SCHOLZ/BEIER 1997, 50)

Somit erscheint eine Reise mit der Bahn am umweltfreundlichsten (was auch Becker/Job/Witzel mit Berufung auf eine Studie des Schweizer Reiseveranstalters Hotelplan bestätigen). Die ökologische Belastung pro PKW und Person ist sehr auslastungsabhängig. Als besonders umweltschädigend (pro Kopf) erscheinen Reisen mit dem Flugzeug über kurze Distanzen, bei denen ein Flugzeug sechs mal energieintensiver ist als die Bahn und doppelt so viel Energie benötigt als ein PKW (BECKER/JOB/WITZEL 1996, 21f.). Neben der Verkehrsmittelwahl determinieren auch Reiseintensität und Reisehäufigkeit die ökologische Bedeutung der touristischen Verkehrsproblematik. Diese ist umso höher, je höher Reiseintensität und/oder Reisehäufigkeit sind. Die im folgenden erläuterten Trends lassen also eher eine ansteigende Umweltpenetration durch den Tourismus erwarten.
Reiseintensität bezeichnet den Anteil der Bevölkerung eines Landes, der mindestens eine Urlaubsreise von 5 Tagen oder mehr innerhalb eines Jahres unternommen hat. In der BRD ist die Reiseintensität von ca. 50% Anfang der 1970er Jahre auf 78% im Jahre 1994 angestiegen und stagniert seitdem auf hohem Niveau. Ein langfristig ebenso ansteigender Trend ist für die Reisehäufigkeit auszumachen. So ist die Anzahl der Reisen der Bundesbürger mit einer Dauer von mehr als 5 Tagen von 41,5 Mio. in 1991 auf ca. 49 Mio. in 1995 angestiegen. Darüber hinaus geht Kirstges davon aus, dass auch die Zahl der 2.- und 3.-Urlaube infolge des Realeinkommensanstieges weiter zunehmen wird (vgl. KIRSTGES zitiert in MOSE 1998, 76f.). Job sieht generell einen Trend zu kürzeren, zudem häufigeren Reisen zu immer weiter entfernten Urlaubszielen (vgl. JOB 1996, 113). Insgesamt ist also eher ein weiterer Anstieg des Tourismusinduzierten Verkehrs (durch Bundesbürger) zu erwarten.

2.3.2. Ökologische Auswirkungen des Tourismus in der Zielregion

Durch den Tourismus kommt es in Zielgebieten zu Ressourcenver- bzw. –gebrauch, aber auch zu Abfällen. Durch starkes, zum Teil ungeplantes Wachstum der Touristenzahlen ist es in vielen Gebieten, wie z.B. an den Küsten des Mittelmeeres oder den Alpen, bereits zu einer Umweltdegradation gekommen. Diese Probleme erscheinen auch insbesondere dort als besonders groß, wo die Abfallbeseitigung und Abwasserversorgung bzw. die Einhaltung von Bauvorschriften mangelhaft ist. Dadurch kann es u.a. zu Wasserverschmutzung, Landschaftszerstörung (z.B. durch wilde Müllkippen, Veränderung der Morphologie und –in tropischen Regionen- zur Zerstörung von Korallenriffen, hervorgerufen durch deren Abbau für eine Verwendung in der Bauwirtschaft) und Artensterben kommen (vgl. VORLAUFER 1996a, 209ff.). In Entwicklungs- und Schwellenländern wollen die Gäste aus den entwickelteren, industriegesellschaftlichen Quellgebieten häufig auch nicht auf ihren gewohnten Lebensstandard verzichten und verursachen somit einen weitaus höheren Energie- und Ressourcenverbrauch als ortsüblich (vgl. SCHALLABÖCK 1997, 295f.).

2.3.3. Implikationen für eine ökologische Nachhaltigkeit

Hinsichtlich eines ökologisch nachhaltigen Tourismus, für den auch häufig der Begriff „Öko-Tourismus“ Verwendung findet, wird gefordert „den negativen Einfluss des Tourismus auf [die] Natur [...] zu minimieren.“ (ELLENBERG/SCHOLZ/BEIER 1997, 55). Im folgenden sollen Möglichkeiten einer nachhaltigen ökologischen Entwicklung gezeigt werden, die auch insbesondere auf die einzelnen Akteure des Tourismus Bezug nehmen sollen. An die Touristen richtet sich die Forderung neue, umweltverträglichere Konsummuster anzunehmen, die v.a. zur Verringerung der touristischen Verkehrsleistung für Freizeit und Erholung Nahbereiche aufsuchen (vgl. VORLAUFER 1996a, 232)
Wie bereits erwähnt, empfiehlt Aronsson dazu eine Strategie der „aktiven Adaption“, bei welcher der Tourist die natürliche Landschaft beobachtet und diese auch nutzen kann bzw. soll um „die Tragfähigkeit einer lokalen Landschaft mit Hilfe von Technologie zu vergrößern“ und zwar auf der lokalen Ebene. (ARONSSON/SANDELL 1999, 368)
Wichtig erscheint auch, dass Touristen negative Umweltbelastungen und ihr umweltunverträgliches Handeln erkennen bzw., dass ein umweltorientiertes Handeln „propagiert“ wird (z.B. vom Staat oder den Medien; vgl. SAIBOLD 1996, 125).
Bezüglich der Konsumenteninformationen erscheint auch eine ökologieorientierte Kommunikationspolitik seitens der Tourismusindustrie angebracht, damit insbesondere die erstarkende Gruppe von umweltorientierten Verbrauchern die Möglichkeit hat ein möglichst umweltschonendes Angebot nachzufragen (vgl. LÜBBERT 1996, 152). Die Tourismusindustrie soll sich auch für den Umweltschutz verantwortlich fühlen und das auch durch Selbstregulation umsetzen, da umweltschonendes Verhalten auch als Chance zur Ertragssteigerung bzw. Kostenreduktion wahrgenommen werden kann. Beispiele dafür wären das Entwickeln bzw. Benutzen umweltfreundlicher Produkte wie die Benutzung von Rußfiltern in Reisebussen oder die Installation von Energiesparlampen in Hotels etc.. Ebenfalls von Relevanz sind Abfallvermeidung, Wahrnehmen von Öko-Audits zur Überprüfung einer umweltgerechten Unternehmensführung (wie DIN/ISO 14.000 ff.) sowie Öko-Zertifizierung. Letzteres besteht darin, dass Unternehmen von einer externen (Umwelt-) Organisation bzw. staatlichen Stellen auf gewisse ökologierelevante Kriterien überprüft werden und im Falle des Erfüllens der Kriterienanforderungen erhalten diese Unternehmen bzw. ihre Produkte ein Gütesiegel, so dass der Verbraucher auf diesem Wege über die umweltfreundlichen Eigenschaften eines Produktes informiert wird. Beispiele für Gütesiegel sind der „Blaue Engel“, dem Emblem für ein umweltschonendes Produkt der Vereinten Nationen oder der „Grüne Koffer“, der als Umweltfreundlichkeitssiegel für Beherbergungsbetriebe, Fremdenverkehrsorte und Reiseveranstalter vom Deutschen Fremdenverkehrsverband geplant ist. Tourismusbetriebe können darüber hinaus ebenfalls Touristen und Mitarbeiter für die Umweltschutzproblematik sensibilisieren bzw. in das Verhalten der Touristen aktiv eingreifen, wie es z.B. amerikanische Reiseveranstalter am Erstellen von Verhaltensrichtlinien für Antarktistouristen beweisen: die Besucher werden angehalten einen

Mindestabstand von 5m zu den Tieren einzuhalten, nicht die Tiere zu berühren oder zu füttern und keine Abfälle zurückzulassen (vgl. GOODALL 1997, 271ff.; LÜBBERT 1996, 151ff sowie ELLENBERG/SCHOLZ/BEIER 1997, 61f.).
Vom Staat bzw. den lokalen Planungsbehörden wird zur langfristigen Sicherung von Natur und Umwelt vor tourismusinduzierten Schäden gefordert, dass effektive Maßnahmen zur Abwasser-, Müll-, Geruchs- und Lärmbelästigung ergriffen werden. Des weiteren sollten umweltverträgliche Bauvorschriften erlassen und v.a. auch umgesetzt und kontrolliert werden. Bei ökologisch besonders sensiblen Gebieten ist es ratsam, wenn diese dem Tourismus völlig entzogen bzw. Touristenströme in diesen Gebieten räumlich und zeitlich eingeschränkt bzw. gelenkt werden.
Eine nachhaltige und ökologisch tragfähige Entwicklung durch den Tourismus ist nach Vorlaufer nur möglich, wenn sich der Tourismus an der faktischen oder potenziellen, natürlichen Tragfähigkeitsgrenze orientiert (vgl. VORLAUFER 1996a, 211f.). Tragfähigkeit bedeutet in diesem Sinne, dass die Regenerationsfähigkeit eines Landschaftsökosystems durch den Tourismus nicht beeinträchtigt wird und sich die tourismusinduzierte Umweltverschmutzung somit im Rahmen der Aufnahmekapazität des Ökosystems befinden soll (vgl. LESER 1994, 12). Das ist im Erachten Vorlaufers nur durch eine vom Staat gelenkte Internalisierung der durch touristische Nutzung entstandenen (Umwelt-) Kosten möglich so dass „Umwelt" nicht mehr als freies Gut betrachtet wird (vgl. VORLAUFER 1996a, 231). Dabei ist es nach Ansicht des Verfassers besonders wichtig, dass die durch die Internalisierung der Umweltkosten in die Preise der sie verursachenden touristischen Produkte dem Staat zufließenden Einnahmen (durch Steuern und Abgaben) in den Umweltschutz bzw. Kompensation ökologischer Schäden verausgabt werden.
Explizit wird im Sinne der genannten Internalisierung von Externalitäten auch oftmals die Besteuerung des Flugzeittreibstoffes Kerosin genannt, wobei generell konstatiert werden muss, dass insbesondere Flugverkehr mit dem Konzept der nachhaltigen Entwicklung bzw. des Ökotourismus nur schwer vereinbar ist (vgl. z.B. SAIBOLD 1996, 124). An dieser Stelle ist also der Appell an Touristen und Tourismusindustrie, möglichst nah gelegene Urlaubsziele mit möglichst umweltgerechten Verkehrsmitteln aufzusuchen bzw. technische Neuerungen, die eine Reduzierung des Energieverbrauchs von Transportmitteln bewirken können schnellstmöglich umzusetzen.
Die Host Community als Leidtragender von Umweltschäden durch Touristen aber auch als Verursacher von Umweltzerstörung sollte ebenfalls über die Umweltproblematik aufgeklärt sein, damit sie Umweltprobleme erkennen, deren Entstehung verstehen und ggf. selber aktiv eingreifen kann, wie es z.B. auf Phuket (Thailand) zu beobachten ist, wo u.a. auch Einheimische an der Strandreinigung beteiligt sind (vgl. VORLAUFER 1995, 212).
Der Zusammenfassung dieses Abschnittes soll die Vorstellung eines „Optimismusszenarios im Sinne der Nachhaltigkeit" von Becker dienen. Das Reiseverhalten ändert sich seines Erachtens im Sinne einer nachhaltigen Entwicklung, wenn folgendes Szenario eintritt:

- es wird gelegentlich oder auch häufiger auf das Reisen verzichtet
  → sorgfältige Reiseplanung nötig

→ einigen genügt „virtuelles Reisen“ am häuslichen Großbildschirm

- Die Distanzen bei Urlaubsreisen werden drastisch reduziert
  → es setzt sich die Erkenntnis durch, dass die Reisedistanz nicht unbedingt mit dem Erholungswert einer Reise korreliert
  → Flugverkehr wird verstärkt durch Bahn- oder Radverkehr substituiert

- es setzt sich ein Bewusstsein für die Prinzipien der Nachhaltigkeit durch
  → man erkundet, durch gutes Informationsmaterial vorbereitet, v.a. seinen Aufenthaltsort und seine nähere Umgebung und verzichtet weitgehend auf Ausflüge zu entfernteren Zielen
  → Beherbergungsbetriebe und Freizeiteinrichtungen haben sich auf Druck der Urlauber und der Öffentlichkeit auf einen zunehmend umweltschonenden Betrieb umgestellt
  (vgl. BECKER 1996, 135f.)

2.4. Integration der Dimensionen

Erfolgte aus Gründen der Übersicht die Erläuterung der Inhalte der ökonomischen, soziokulturellen und ökologischen Dimension des Tourismus sowie Implikationen und Empfehlungen für eine nachhaltige Entwicklung bisher auf die jeweilige Dimension beschränkt, so sollen sie nun im Sinne einer ganzheitlichen Betrachtung zusammengeführt werden. Wie bereits eingangs erwähnt, ist für das Konstrukt der nachhaltigen Entwicklung die Fokussierung auf die 3 Dimensionen als Gesamtsystem von außerordentlicher Bedeutung, denn es ist ein Konzept für eine langfristige Entwicklung der in die natürliche Umwelt eingebettete Gesellschaft mit ihrem ökonomischen Subsystem. Die Notwendigkeit der Dimensionenintegration kommt insbesondere in folgendem Zitat zum Ausdruck: „[...] dass in Tourismusregionen die ökologische und kulturelle Nahhaltigkeit nur zu realisieren ist, wenn der Bevölkerung ein existenzsicherndes Einkommen aus der Sicherung natürlicher und kultureller Ressourcen der Grundlagen der touristischen Attraktivität ihrer Heimat, wirtschaftliche Vorteile bringt“ (VORLAUFER 1999, 274)

Abschließend soll der Frage nachgegangen werden, welche dargestellten Aspekte des Tourismus einer nachhaltigen Entwicklung förderlich sind und bei welchen Konflikte auftreten können und zwar in einer dimensionenübergreifenden, integrierten Betrachtungsweise anhand von Beispielen.

2.4.1. Dimensionen übergreifende Nachhaltigkeitsaspekte des Tourismus

Soll langfristig die ökonomische Bedeutung des Tourismus gesichert und entwickelt werden, so ist eine nachhaltige soziokulturelle Entwicklung zur Erreichung dieses Ziels von großer Relevanz, ist doch das Kennenlernen und Erleben anderer Kulturen und Lebensweisen eines der wichtigsten Motive für die touristischen Nachfrager (vgl. VORLAUFER 1999,287). Bewegt sich die Intensität des Tourismus in einer Zielregion unterhalb bzw. auf der für die Gesellschaft maximal konfliktfrei zu akzeptierenden kulturellen

Tragfähigkeitsgrenze, so erscheint unter ökonomischen und soziokulturellen Aspekten Stand und Entwicklung des Tourismus optimal zu sein, schafft er doch unter der Restriktion der soziokulturellen Tragfähigkeit einen maximalen Beitrag zum wirtschaftlichen Wohlstand der Zielregion. Fügt man nun noch die ökologischen Aspekte in die Gesamtbetrachtung mit ein, was im Sinne des Nachhaltigkeitskonzeptes verpflichtend ist, so ist zunächst einmal festzustellen, dass eine intakte Umwelt bzw. das Erleben einer solchen für die Reisemotive nahezu aller Touristengruppen (mit eventueller Ausnahme von den Reisenden, die eine Reise nicht zu Erholungszwecken unternehmen, wie z.B. Geschäfts- oder Messetouristen) sehr relevant sind, was ja auch durch den oben erwähnten Trend der wachsenden Bedeutung des Reisemotivs „Natur erleben" belegt wird. Erfolgt also die touristische Nutzung einer Region ohne Rücksichtnahme auf die natürliche Umwelt, so beraubt er sich langfristig seiner eigenen Grundlagen und wird letztendlich durch Ausbleiben von Touristen die wirtschaftliche Grundlage für viele Bewohner der Zielregion entziehen (vgl. SWARBROOKE 1999, 49f.), was darüber hinaus sicherlich auch zu einer Destabilisierung der regionalen Gesellschaftsstruktur beitragen kann. Somit ist also aufgezeigt, dass ein nachhaltiger ökonomischer, soziokultureller Tourismus sich an der oben beschriebenen ökologischen Tragfähigkeitsgrenze (als Maximum!) orientieren muss mit Konsequenzen für das Verhalten aller beteiligten Akteure sowie unter Hinzunahme der relevanten Instrumente zur Erreichung dieses Verhaltens (s. vorhergehende Kapitel). Ist der langfristige wirtschaftliche Beitrag des Tourismus in einer Region im Sinne der Beachtung der ökologischen und soziokulturellen Tragfähigkeit „optimal" und somit einer nachhaltigen Entwicklung unterworfen, so kann es darüber hinaus auch zu einer generellen Förderung des Umweltschutzes zur Reduktion von nicht tourismus-induzierten Umweltschäden aber auch zu sozialpolitischen Maßnahmen in einer Region (bzw. Volkswirtschaft; Nation) kommen, falls (insbesondere dem Staat) aus dem Tourismus Einnahmeüberschüsse zu Stande kommen (vgl. VORLAUFER 1996a, 209). Tritt dies ein, so könnte man von einem „Nachhaltigkeitsüberschuss" des Tourismus sprechen. Ein kleingewerblich orientierter Tourismus hätte nach Meinung des Verfassers im Sinne einer nachhaltigen Entwicklung nicht nur den Vorteil, dass möglichst viele Personen der Host Community direkt vom Tourismus partizipieren, sondern dass diese starke Beziehung zwischen Touristen und Host Community bei letzterer die Toleranzschwelle im kulturellen Bereich „nach oben drückt", da sich jeder der Relevanz des Tourismus für seinen eigenen Wohlstand gewahr sein müsste. Da die Host Community darüber hinaus auch vor Ort wohnt, müsste das auch in Zusammenhang mit den lokalen Behörden das Umweltbewusstsein heben und die Implementierung einer lokalen Umweltpolitik begünstigen.

2.4.2. Konfliktäre, dimensionenübergreifende Nachhaltigkeitsaspekte des Tourismus

Wurden in den Kapiteln 2.1 bis 2.3 v.a. die Nachhaltigkeitskonflikte innerhalb der jeweiligen Dimensionen (z.B. Verkehr vs. Ökologie; Akkulturation vs. Verhinderung von Modernisierungsprozessen) betrachtet, so sollen nun zwei gegensätzliche Strategien eines nachhaltigen Tourismus diskutiert werden. Zum einen die Dispersionsstrategie, die eine nachhaltige Entwicklung durch räumliche Verteilung der Touristen in einem Zielland zu erreichen versucht und zum anderen die Konzentrationsstrategie, die nur in der räumlichen Konzentration des Tourismus auf wenige Orte innerhalb des Ziellandes („Touristengettos") die Möglichkeit für einen nachhaltigen Tourismus sieht.

2.4.2.1. Dispersionsstrategie

Dieser Ansatz geht davon aus, dass ein nachhaltiger Tourismus durch eine möglichst große räumliche (und zeitliche) Streuung der Touristen in einem Zielgebiet erreicht wird, um einen die Zielregion ökologisch wie sozial stark penetrierenden Massentourismus zu vermeiden. Ein solcher Tourismus hilft räumliche, ökonomische Disparitäten abzubauen und trägt insbesondere auch zur Entwicklung peripherer Regionen bei (s.Kapitel 2.1). Er soll zur Förderung der wirtschaftlichen Teilhabe der lokalen Bevölkerung auch möglichst kleinbetrieblich strukturiert sein, ergänzt durch einen generell hohen Anteil der im Inland / in der Region produzierten Güter am touristischen Konsum. Des weiteren fördert er die soziokulturelle Nachhaltigkeit insofern er sich innerhalb des (v.d. Host Community partizipativ festgesetzten) sozialen Tragfähigkeitsbereiches befindet und evtl. auch demographische Disparitäten abzubauen hilft (indem er dazu beiträgt, dass Arbeitskräfte aus zentralen, dicht besiedelten Gebieten in periphere, dünnbesiedelte, touristisch genutzte Regionen migrieren). An die Touristen wird der Anspruch gestellt, sich im Sinne eines „sanften" Tourismus möglichst unauffällig zu verhalten und sich den lokalen Begebenheiten und Gebräuchen möglichst anzupassen und sich der Umwelt gegenüber gemäß der „Adaption" zu verhalten. In ökologischer Hinsicht hilft die Vermeidung des Massentourismus, dass die ökologische Tragfähigkeitsgrenze nicht überschritten wird, ergänzt durch die Forderung an Staat und Tourismusindustrie die ökologischen Kosten des Tourismus zu internalisieren und die notwendige Infrastruktur zu implementieren sowie das touristische Angebot möglichst umweltfreundlich zu gestalten. Zur zeitlichen Dispersion und zur Angebotsdifferenzierung soll darüber hinaus auch der Binnentourismus hohe Bedeutung haben, sowie eine möglichst breite Segmentierung der Nachfragermärkte zustande kommen. Eine solche Strategie findet in der Entwicklungspolitik der Philippinen im Master-Plan Konkretisierung (vgl. VORLAUFER 1995, 138f.)

2.4.2.2. Konzentrationsstrategie

Ein derartiger Ansatz (wie er z.B. von Kirstges vertreten wird) geht davon aus, dass ein räumlich disperser „sanfter" Tourismus nicht möglich erscheint, v.a. dann nicht, wenn „die Masse" der Touristen

diesem Verhalten nachgeht. Es wird argumentiert, dass ein solcher Tourismus immer negativen Einfluss auf Gesellschaft und Umwelt eines Landes hat (Bsp.: trotz der Anpassungsbemühungen der Touristen würden sie die Kultur vor Ort stören) und dass es utopisch ist anzunehmen, dass ein Großteil der Touristen überhaupt an Kultur und Landschaft des Gastlandes Interesse hat. Aus diesen Gründen wird gefordert, dass die Touristen in wenigen „Touristen-Gettos" konzentriert werden, wo sie möglichst wenig mit Land und Leuten in Kontakt kommen. Innerhalb dieser Gebiete muss dann dafür gesorgt werden, dass die Umweltbeeinflussung möglichst gering bleibt (vgl. KIRSTGES 1996, 173ff.)
Eine solche Strategie verfolgt die Entwicklungspolitik der Malediven insofern, als dass Ferienanlagen nur auf bestimmten Atollen errichtet werden dürfen und Touristen Gebiete, die von Maledivern bewohnt werden nur mit Sondergenehmigung betreten dürfen. Malediver dürfen die Feriengebiete nur betreten, falls sie dort einer Beschäftigung nachgehen (vgl. VORLAUFER 1996a, 206).

2.4.3. Gemeinsamkeiten der Strategien

Beiden Ansätzen ist gemeinsam, dass sie zur Verminderung des ökologisch immer bedenklichen Verkehrs eine räumliche Annäherung von touristischem Angebot und Nachfrage fordern. Der Dispersionsansatz primär durch Binnentourismus, der Konzentrationsansatz durch Tourismuskonzentration in künstlich geschaffenen Ferienwelten, sogenannten Parcs („Die Karibik vor der Türe"; KIRSTGES 1996, 178).

IV. Fazit

Als Resümee soll am Ende dieser Hausarbeit die im Titel gestellte Frage im Mittelpunkt stehen, ob Tourismus und Nachhaltige Entwicklung widersprüchlich sind oder nicht. Die Antwort ist nach Meinung des Verfassers ein klares „Jein" ! Wie man anhand der Ausführungen sehen kann, entstehen durch den Tourismus zwar viele (insbesondere) soziale und ökologische Probleme, andererseits bietet er beispielsweise mit seiner Tendenz zur Peripherie sowie der Tatsache, dass er insbesondere für unterentwickelte Gebiete mit seinen (zumindest anfänglich) geringen Anforderungen an Kapitalmenge und Arbeitsqualifikation eine Möglichkeit für einen wirtschaftlichen Aufschwung bietet, auch Chancen.
Die vorgestellten politischen Ansätze und Strategien für einen nachhaltigen Tourismus sind, zumindest was ihre praktische Umsetzung anbelangt, sehr fraglich. Erscheinen einem bei der Dispersionsstrategie Lösungsansätze wie räumliche Verteilung des Tourismus, kleingewerbliche Struktur der Tourismusbetriebe, Orientierung an der kulturellen und ökologischen Tragfähigkeitsgrenze usw. als sehr einleuchtend und erfolgversprechend, so muss man mit Blick auf die „real existierenden Strukturen" des Tourismus, der im wesentlichen nach wie vor ein Massentourismus ist und dies in den Augen des Verfassers auch bis auf weiteres bleiben wird, konstatieren, dass die Verwirklichung eines nachhaltigen Tourismus weit entfernt scheint. Die Anforderungen, die an die Touristen gestellt werden sind sehr hoch: Anpassung an die lokale Lebensart, ein sanfter Umgang mit der Natur etc. Da drängt sich einem die Frage auf, ob der Großteil der Touristen unter diesen Restriktionen

wirklich seinen Urlaub verbringen möchte. Verbinden viele damit doch einen Zeitvertreib, bei dem man sich endlich mal nicht an den Bedürfnissen der anderen orientieren muss, sondern nur machen will, was man möchte. Bei dem man eben nicht auf jedes Detail Acht geben will und sich womöglich noch an irgendetwas anpassen muss, denn das macht man im „grauen Alltag“ ja eh schon genug.
Geht der Konzentrationsansatz eben genau von diesem realistischen (bzw. pessimistischen) Menschenbild aus, so lässt er doch zumindest zwei sehr wichtige Fragen offen: Was ist mit der wirtschaftlichen Nachhaltigkeit, wenn es nicht zu einem möglichst großräumigen Tourismus kommen soll, der evtl. breitere Bevölkerungsschichten erreichen könnte und nicht nur v.a. die Kapitalgeber von Großhotelketten und riesigen Parcs ? Fraglich auch, ob dieser Ansatz flexibel genug ist sich der sicherlich im Zeitablauf verändernden touristischen Nachfrage anzupassen.
Auch die zu beobachtenden Trends der immer kürzeren, dafür aber häufigeren Reisen zu immer entfernteren Zielen verheißen eher ein Anwachsen des in jedem Falle umweltzerstörenden Pflichtteils des Tourismus, dem Verkehr. Die globale Implementierung des sicherlich einleuchtenden und nützlichen Konstruktes der Internalisierung externer Kosten dürfte viele Schwierigkeiten und Widerstände aufweisen. Ein Beispiel dafür ist die Luftverkehrspolitik der Bundesregierung, die zwar ebenfalls eine Kerosinbesteuerung für notwendig hält, diese aber nicht im Alleingang einführen möchte. Das langsamste Rad am Wagen bestimmt eben die Geschwindigkeit.
Die kulturelle und ökologische Tragfähigkeitsgrenze wird kaum feststellbar sein. Bei ersterer ist es vielleicht in demokratischen und liberalen Gesellschaften möglich, sie ungefähr auch partizipatorisch „festzulegen“. In Gesellschaften, die von Despoten oder kleinen, elitären Gruppen ohne Gemeinsinn regiert werden (wie in weiten Teilen Afrikas und vielen Staaten Asiens z.B.) wird es allerdings kaum möglich sein. Die ökologische Tragfähigkeitsgrenze ist sicherlich allein schon wegen der schier undurchschaubaren Komplexität des Ökosystems zumindest momentan kaum messbar.
Auch drängt sich einem die philosophisch anmutende Frage auf: Wenn denn Nachhaltigkeit von nahezu allen Akteuren des Tourismus soviel abverlangt, was eben zunächst einmal eine Einschränkung darzustellen scheint, erfüllt es dann gemäß der Definition der WCED überhaupt noch die Bedürfnisse der Menschen der Gegenwart ? Und wie werden eigentlich die Bedürfnisse der zukünftigen Menschen sein und v.a. wie kann man sie von heute aus gesehen positiv oder negativ beeinflussen ?
Man sieht also: ein nachhaltiger Tourismus ist nicht nur schwer umzusetzen, sondern auch schon schwer einzugrenzen.
Was bleibt also angesichts der dargestellten Realität zu tun ? Der Trend zu mehr Umweltbewusstsein, der zumindest in einigen Gesellschaften Einzug gehalten hat, sollte weiter ausgebaut werden. Dazu bedarf es seitens der Tourismusindustrie einer weiteren Anpassung an vorhandenem aber auch dem Erwecken eines latenten Bedarfs nach möglichst umweltfreundlichen Reisen. Seitens der Touristen sollte sich auf breiter Front die Einsicht durchsetzen, dass ein größeres Bewusstsein für Umwelt und Gesellschaft des Zielortes von großer Wichtigkeit sind. Da sich dies nur wenig „von alleine“ einstellen wird, sind hier v.a. die Medien aber auch der Staat als Träger von schulischer (und außerschulischer) Bildung als Sensibilisierer gefragt. Der Staat sollte weiterhin im Rahmen seiner momentanen Möglichkeiten ein Instrumentarium entwickeln und ausbauen, mittels er ökonomische Anreize insbesondere für ein umweltverträglicheres Reisen setzt, was nur auf internationaler Ebene wirklich effektiv ist.
Somit kann man abschließend sagen: Ein nachhaltiger Tourismus ist kurz- bis mittelfristig vielleicht nicht möglich, ein nachhaltigerer aber schon.

Literaturverzeichnis

ARONSSON, L.; SANDELL, K. (1999): Ort, Tourismus und Nachhaltigkeit – Ortszugehörigkeit und Ortslosigkeit als Aspekte eines konzeptionellen Rahmens für einen nachhaltigen Tourismus mit Beispielen aus Schweden. In: Tourismus Journal, (3) 3, 357-378

BARKE, M. (1999): Tourism and Culture in Spain: A Case of Minimal Conflict ?. In: Robinson, M.; Boniface, P. (Hrsg.): Tourism and Cultural Conflicts. Wallingford, 247-268

BECKER, C. (1996): Nachhaltigkeit und touristische Entwicklung. In: Freyer, W.; Scherhag, K. (Hrsg.): Zukunft des Tourismus – Tagungsband zum 2. Dresdner Tourismus-Symposium. Dresden, 129-136

BECKER, C.; JOB, H.; WITZEL, A. (1996): Tourismus und nachhaltige Entwicklung - Grundlagen und praktische Ansätze für den mitteleuropäischen Raum. Darmstadt. (= Wissenschaftliche Buchgesellschaft)

BOHLE, H.-G.; GRANER, E. (1997): Arme Länder – Reiche Länder. Neue Untersuchungen über Nachhaltigkeit und den Reichtum der Nationen. In: Geographische Rundschau, (49) 12, 735-742

DER FISCHER WELTALMANACH 2002. Frankfurt.

ELLENBERG, L.; SCHOLZ, M.; BEIER, B. (1997): Ökotourismus – Reisen zwischen Ökonomie und Ökologie. Heidelberg. (= Spektrum Geowissenschaften)

FREYER, W. (1995): Tourismus – Einführung in die Fremdenverkehrsökonomie. München. (5. Aufl.). (=Lehr- und Handbücher zu Tourismus, Verkehr und Freizeit)

GOODALL, B. (1997): The Role of Environmental Self-Regulation within the Tourism Industry in Promoting Sustainable Development. In: Hein, W. (Hrsg.): Tourism and Sustainable Development. Hamburg, 271-294. (= Schriften des Deutschen Überseeinstituts Nr. 41)

HEIN, W. (1997): Tourism and Sustainable Development: Empirical Analysis and Concepts of Sustainability – A Systems Approach. In: Hein, W. (Hrsg.): Tourism and Sustainable Development. Hamburg, 359ff. (= Schriften des Deutschen Überseeinstituts Nr. 41)

JOB, H. (1996): Modell zur Evaluation der Nachhaltigkeit im Tourismus. In: Erdkunde, (50), 112-131

KIRSTGES, T. (1996): Urlauber, bleibt in Eurem Ghetto !. In: Freyer, W.; Scherhag, K. (Hrsg.): Zukunft des Tourismus – Tagungsband zum 2. Dresdner Tourismus-Symposium. Dresden, 173-180

KNECHT, K.; VOGELSANG, M. (1997): Environmentally Sound Energy Supply as a Contribution to Sustainable Tourism. In: Hein, W. (Hrsg.): Tourism and Sustainable Development. Hamburg, 295-338. (= Schriften des Deutschen Überseeinstituts Nr. 41)

KULINAT, K.; STEINECKE, A. (1984): Geographie des Freizeit- und Fremdenverkehrs. Darmstadt. (= Erträge der Forschung, Bd.212)

LADBURY, R. (1997): Sustainable Tourism: A Review and the Research Agenda. In. Hein, W. (Hrsg.): Tourism and Sustainable Development. Hamburg, 21-52. (= Schriften des Deutschen Überseeinstituts Nr. 41)

LESER, H. (1994): Das 19. „Basler Geomethodische Colloquium“: Biomasse und Tragfähigkeit in Afrika – Ein methodisches Problem der Landschaftsökologie. In: Geomethodica, (19), 7-20

LÜBBERT, C. (1996): Gütesiegel als Instrument einer vertrauensbildenden Öko-Kommunikation touristischer Unternehmen. In: Freyer, W.; Scherhag, K. (Hrsg.): Zukunft des Tourismus – Tagungsband zum 2. Dresdner Tourismus-Symposium. Dresden, 151-172

MOSE, I. (1998): Sanfter Tourismus. Amsterdam.

ROBINSON, M. (1999): Cultural Conflicts in Tourism: Inevitability and Inequality. In: Robinson, M.; Boniface, P. (Hrsg.): Tourism and Cultural Conflicts. Wallingford, 1-32

SAIBOLD, H. (1996): Zukunft der Tourismuspolitik. In: Freyer, W.; Scherhag, K. (Hrsg.): Zukunft des Tourismus – Tagungsband zum 2. Dresdner Tourismus-Symposium. Dresden, 121-128

SCHALLABÖCK, K.-O. (1997): Tourism, Transport and Ecology. In: Hein, W. (Hrsg.): Tourism and Sustainable Development. Hamburg, 339-358. (= Schriften des Deutschen Überseeinstituts Nr. 41)

SWARBROOKE, J. (1999): Sustainable Tourism Management. Wallingford.

VELISSARIOU, E. (1991): Die wirtschaftlichen Effekte des Tourismus dargestellt am Beispiel Kretas – Eine empirische Untersuchung der unmittelbaren und mittelbaren wirtschaftlichen Wirkungen. Frankfurt. (= Europäische Hochschulschriften. Reihe V: Volks- und Betriebswirtschaft, Bd. 1227)

VORLAUFER, K. (1995): Regionale Disparitäten, Tourismus und Regionalentwicklung in Thailand. In: Petermanns Geographische Mitteilungen, (139) 5/6, 353-381

VORLAUFER, K.(1996a): Tourismus in Entwicklungsländern – Möglichkeiten und Grenzen einer nachhaltigen Entwicklung durch Fremdenverkehr. Darmstadt. (= Wissenschaftliche Buchgesellschaft)

VORLAUFER, K. (1996b): Tourismus auf den Philippinen: Determinante der Verschärfung oder Milderung regionaler Disparitäten in einem Archipelstaat ?. In: Petermanns Geographische Mitteilungen, (140) 3, 131-160

VORLAUFER, K. (1999): Bali – Massentourismus und nachhaltige Entwicklung: Die sozio-ökonomische Dimension. In: Erdkunde, (53) 4, 272-301

WOLF, K.; JURCZEK, P. (1986): Geographie der Freizeit und des Tourismus. Stuttgart. (= UTB für Wissenschaft)